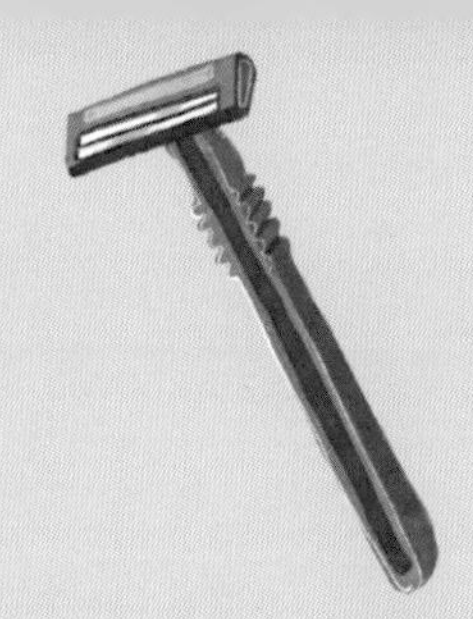

我的身體怎麼啦？

男孩青春期手冊

安妮塔．加內瑞　著
杜麗莎．馬天妮絲　圖

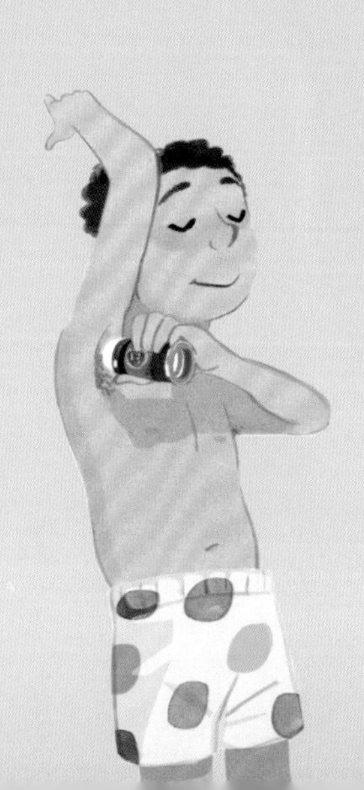

新雅文化事業有限公司
www.sunya.com.hk

新雅・成長館

我的身體怎麼啦？
男孩青春期手冊

作　　者：安妮塔・加內瑞（Anita Ganeri）
繪　　圖：杜麗莎・馬天妮絲（Teresa Martinez）
翻　　譯：何思維
責任編輯：潘曉華
美術設計：蔡學彰
出　　版：新雅文化事業有限公司
香港英皇道 499 號
北角工業大廈 18 樓
電話：(852) 2138 7998
傳真：(852) 2597 4003
網址：http://www.sunya.com.hk
電郵：marketing@sunya.com.hk
發　　行：香港聯合書刊物流有限公司
香港荃灣德士古道 220-248 號
荃灣工業中心 16 樓
電話：(852) 2150 2100
傳真：(852) 2407 3062
電郵：info@suplogistics.com.hk
印　　刷：中華商務彩色印務有限公司
香港新界大埔汀麗路 36 號
版　　次：二〇二〇年六月初版
二〇二一年一月第二次印刷

Original title: My Body's Changing: A Boy's Guide to Growing Up
Author: Anita Ganeri
Illustrator: Teresa Martinez
First published in the English language in 2020
by The Watts Publishing Group

Franklin Watts
An imprint of Hachette Children's Group
Part of The Watts Publishing Group
Carmelite House
50 Victoria Embankment
London EC4 Y 0DZ
An Hachette UK Company
www.hachette.co.uk
www.franklinwatts.co.uk

ISBN: 978-962-08-7539-7

18/F, North Point Industrial Building, 499 King's Road, Hong Kong
Published in Hong Kong
Printed in China

目錄

全方位轉變

你父母是否很喜歡展示你的兒時照片，令你覺得尷尬？下次他們這樣做，你就試着鼓起勇氣看一眼吧。你能認出自己嗎？

你看出自己有很大變化嗎？自你出生那天起，身體就一直在變化，而且在接下來的人生裏，還會繼續變化。有時候，變化小得難以察覺，但也有時候，變化大得令你覺得自己彷彿成了另一個星球的生物！

青春期是人生一個變化很大的時期，你會由孩童轉變成大人。在青春期，身體裏裏外外都出現變化。你也許已注意到這些變化，又或是發現身邊的朋友都在發育，但你卻還未開始。不用擔心，青春期因人而異，每個人開始的時間和速度也有不同。

青春期是成長的一部分，十分正常和自然。發育時，你可能會感到害怕、困惑、煩惱和尷尬。這段時期的變化不但影響你的身體，還會改變你的感覺、行為，以及跟家人和朋友相處的方式。這本書會幫助你明白青春期是怎麼一回事。

青春期知多點

踏入青春期，你的身體會發育，由男孩轉變成男人，為成年生活做好準備。有些變化會給予你生兒育女的能力 —— 說不定有天你會想成為爸爸呢。

你的身體出現變化，是因為腦部開始製造一些強大的化學物質，稱為荷爾蒙。血液會把荷爾蒙帶到身體的各部分，有些荷爾蒙控制人體消耗能量的方法，有些則指示身體發育。在青春期，睪丸酮是你身體內最重要的荷爾蒙，它會令你的生殖器官起變化，使你具備生育能力。

接下來，你會認識到青春期為身體帶來的種種變化。下面先列出十個主要變化，讓你有初步的概念。每個人的身體發育都有不同，要是這些變化不是按次序出現，或是有些變化同時發生，也不用擔心。

踏入青春期：

- 迅速長高
- 肩膀和胸膛變寬
- 面部骨骼生長，令臉形變長，不再那麼孩子氣
- 開始長青春痘
- 汗比以往流得多
- 臉上、胸膛、腿部和腋下長出毛髮
- 陰莖四周長出毛髮（稱為陰毛）
- 說話容易走音，聲線變得低沉
- 陰莖變粗和變長
- 睪丸變大

轉變時期

男孩大概在八歲至十四歲期間隨時進入青春期。即使身邊的朋友看來好像都開始發育，你卻沒有什麼變化，也不用擔心。每個人發育的速度都不同，不用跟別人比較。

女孩也會經歷青春期。她們通常在七歲至十三歲開始，身體會發生很多變化。跟男孩一樣，女孩也會迅速長高、長出體毛。她們的乳房會逐漸發育，也會開始來月經。這些變化會使女孩具備生育能力，她們日後或許會生孩子。

一般來說，女孩比男孩較早和更快踏入青春期，這就是為何班上的女孩通常比你高、外表和做事也成熟一點。你可能會覺得她們有點可怕、有點霸道。跟她們比起來，你覺得自己有點稚氣、有點笨拙。同樣地，你無須擔心這些事，因為不會永遠也是這樣的。

小子大變身

在青春期，你的身形會起變化。起初，你可能會留意到自己迅速長高，不過，每個人長高的速度也不一樣。你的手掌和腳掌會變大，接着，雙臂和雙腿會變長。最初，你會有種奇怪的感覺，覺得手腳都不再屬於自己。此外，手腳也可能會痛。

除了上述的身體變化外，你的肩膀和胸膛也會變寬。而且，由於肌肉開始發展，你的體重也會增加。你也許會在幾年間不斷迅速長高，並且感到難以適應。這星期，你心愛的襯衫非常合身，可是一星期後，袖口卻幾乎碰不到手肘，連領子也變得太緊了。

青春期要經歷的事很多，令你很容易就會在意和擔心自己的外表。你可能會妒忌比自己瘦或是肌肉較發達的朋友。要是你的變化很多，就很容易為自己的外表煩惱。請記着，你的朋友很可能都有同一感受，所以不必擔心自己會是特別奇怪的一個。

為什麼我這麼笨手笨腳？

隨着身體起變化，你可能會經常碰到東西或是絆倒。這是很正常的，因為身體的其餘部分要追上、習慣全新的你。

聲線起伏

一天，你說話的音調還是很正常，到了第二天，聲線卻開始沙啞了，音調還會忽高忽低，低起來時，跟咆哮聲沒兩樣。人人都說你變聲了，這究竟是怎麼一回事啊？

聲音從位於喉頭內的聲帶發出。聲帶是兩組肌肉，就像橡皮筋般橫跨喉部。我們說話時會呼氣，空氣就會衝過並震動聲帶，發出聲音來。

小時候，你的喉頭還很小，聲帶又短又薄，發出的音調會較高。踏入青春期，喉頭變大，聲帶也會變得長及厚，使你發出低沉有力的聲線。

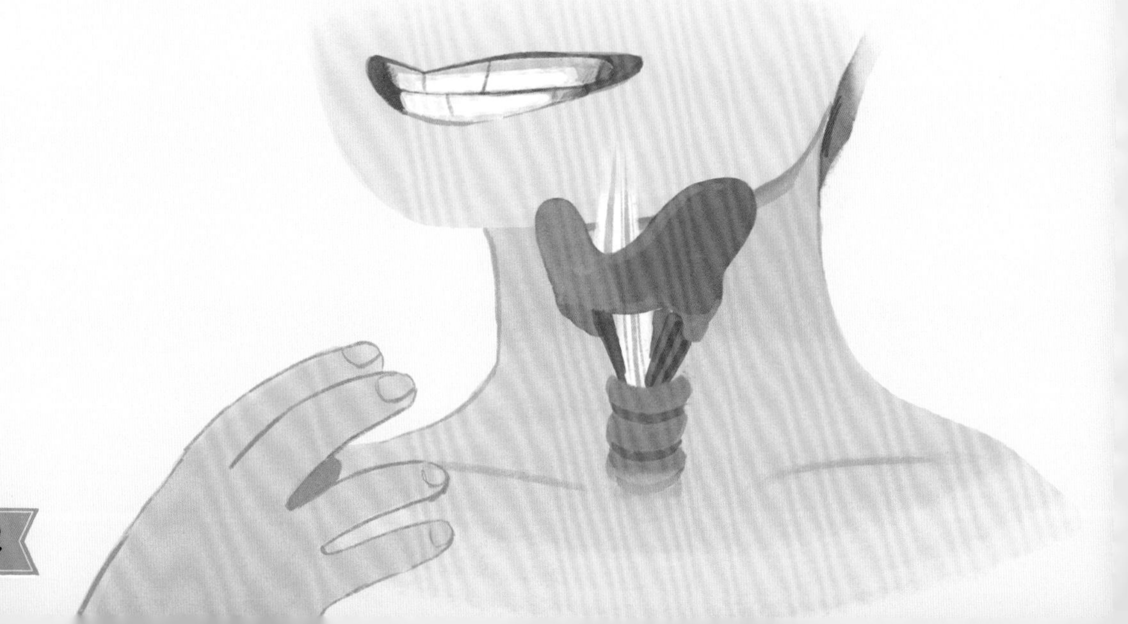

你大概要花點時間才能適應新的聲線。喉頭發育，身體需要時間調整過來，這期間要控制聲線並不容易。也許這刻尖着嗓子說話，下一刻就啞着聲低吼。但不要驚慌，也用不着尷尬。喉頭發育完成後，就不會發出這些古怪的聲音了。

喉嚨上那個大腫瘤是什麼來的？

不用擔心，它是喉結。在青春期，喉頭變大了，並向前輕微傾斜，令其中一部分從頸前方突起來，那就是喉結。

渾身是毛

要是你長出體毛，就可以肯定自己開始發育了。體毛的生長不會在特定時間發生，因此，你無須擔心自己不像朋友那樣「毛茸茸」。每個人的身體發展各有不同，在成年男子中，有些人體毛多一點，有些人體毛少一點。

起初，你可能留意到體毛在陰莖附近長出。這些毛髮稱為陰毛，又短又粗，呈鬈曲狀。隨着你年紀漸長，陰毛或許會朝肚臍生長。腋下、胸膛和背部也可能長出體毛。同樣地，有些男孩的胸膛會長出濃密的毛髮，有些則長得很少，近乎沒有。

大約在陰毛長出的兩年後，臉上也會長出毛髮。毛髮先在上唇的兩角長出，然後是嘴唇上方。接着，毛髮會伸延至臉頰的上半部和嘴唇下方，最後就是兩頰和下巴。日子久了，這些毛髮會變粗、變深色，這時，你可能要開始刮鬍了（詳情請見第16頁）。

我什麼時候會有滿腮的鬍子？

男孩通常在青春期末段才會長出滿腮的鬍子。有些人的鬍子長得又粗又濃密，有些人的鬍子卻稀少。

初用剃鬚刀

剛開始時，你可能覺得刮鬍子不太容易，但你很快就會上手。如果你不知道應該怎樣做，就試試請教爸爸、哥哥、朋友、堂哥或表哥。到你準備好，才開始刮鬍子吧。

刮鬍子需要使用剃鬍刀。剃鬚刀的款式很多，開始時，你最好使用手動剃鬚刀。以後，你也可以試用電動剃鬚刀。可是，請記着不要跟別人共用剃鬚刀，並要確保刀片鋒利，因為變鈍了的刀片只會在你刮鬍子的時候，令你的皮膚又紅又痛。右頁是刮鬍子的步驟，你可以試試跟着做。

1. 清洗剃鬚刀。然後用溫水把臉弄濕。

2. 在掌心擠出剃鬚膏或啫喱，然後往臉上塗抹。

3. 望着鏡子，試着輕輕拉平皮膚，方便你刮鬍子。

4. 順着毛髮生長的方向長長一刮，然後重複這個步驟。

5. 先刮去下巴和臉頰的鬍子，然後是嘴唇上方。

6. 適時沖洗剃鬚刀，避免毛髮塞在刀片之間。

7. 完成後，用溫水沖洗全臉，再塗上潤膚霜。

8. 每次使用後也要清洗剃鬚刀。

刮鬍子時刮傷臉，應該怎麼辦？

刮鬍子時，尤其是剛開始學習刮鬍子的時候，是很容易刮傷臉的。如果刮傷了，就用乾淨的紙巾按住傷口，這樣就能止血。

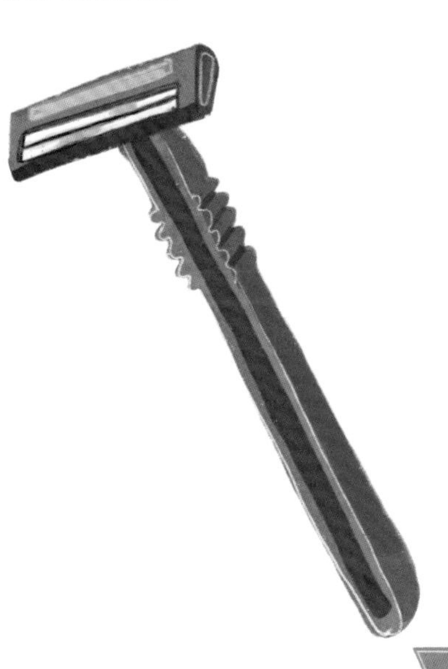

汗水滿滿

汗水是一種透明的液體，由皮膚下的汗腺製造出來。天氣熱的時候，這些腺體會把汗水排放到皮膚表面。汗水遇熱就會蒸發，有助身體降溫。因此，汗水是有益的，每個人也會流汗。

在青春期，汗會流多了，尤其是腋下和陰部。如果汗水跟皮膚的細菌混和，就會散發臭味。這是體味（又稱為體臭），氣味還真的很難聞呢。要避免體味，就要天天洗澡，特別是做完運動後。你也可以在腋下使用止汗劑，防止臭味產生，還要經常更換衣服，以及每天都穿清潔的校服上學去。

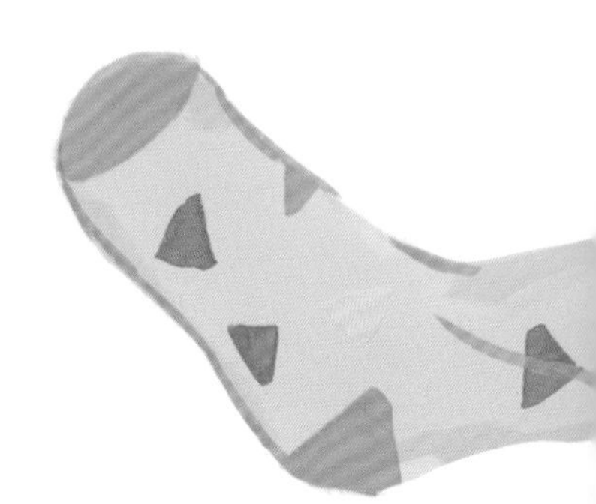

身體會發出難聞氣味的地方，除了腋下，還有腳掌。尤其是你站了一整天後，襪子和鞋的細菌跟汗水已混在一起。到你脫鞋時，那氣味真夠人難受了。

要防止腳臭，就要天天洗腳，並且好好擦乾雙腳。不要時常穿同一雙鞋，尤其是運動鞋，它會使你雙腳出更多汗。此外，你也可以購買有除臭功能的鞋墊，然後放進鞋裏，以對抗臭味。

我該多久換一次襪子？

你要天天更換襪子。襪子濕了的話，也要更換新的。棉質襪子是很好的選擇，透氣之餘，又可以吸汗。

惱人的青春痘

除了可能會有腳臭外，你的身體和臉上也可能會長出青春痘。青春痘可能會令你難過、在意。但請記住，你並不孤單，十個男孩裏，至少九個也會在青春期長青春痘（女孩也是）。那麼，青春痘是什麼？為什麼你會長青春痘？原來又是因為那些惱人的荷爾蒙。

皮膚會製造一種稱為油脂的油分，使你的皮膚保持柔軟，也可以防水。很多時候，皮膚會製造出分量剛好的油脂，但到了青春期，荷爾蒙會叫皮膚製造更多油脂。這些多出來的油脂會堵塞皮膚毛孔，令青春痘出現。有些青春痘細小而且不會痛，可是，如果細菌跟油脂混合，青春痘就會變紅，並會令你感到痛楚。

你可能會聽到很多青春痘形成的原因，但未必全是真的（例如別人傳染你，令你長青春痘）！要是長了青春痘，也不要太難過和太擔心，因為壓力會令長出青春痘的情況變得更壞。

理髮和護膚

一般情況下，青春痘會慢慢退去，而過了青春期後，也較少長出來。但與此同時，你也可以做些事來保持皮膚健康，以及令長出青春痘的情況受控。

- 每天早晚各一次，用暖水配以溫和的肥皂或潔膚液洗臉。
- 用毛巾輕輕印乾皮膚上的水。不要用力洗擦皮膚，否則會令青春痘的情況惡化。
- 如果你的頭髮較長，就要避免讓頭髮貼到臉上，令皮膚受到刺激。
- 雙手有很多細菌，應避免經常觸摸臉。
- 如果胸前或背部長青春痘，宜穿着鬆身衣服，減少摩擦，避免引起發炎。
- 飲食要均衡，也要多喝水。

要是你長出很多青春痘，你可以跟父母談談。你可能需要塗抹一些專為年輕肌膚而設的護膚霜或乳液。你也可以請父母幫你在藥房買暗瘡膏，或向你的家庭醫生詢問意見。你不用感到尷尬，越早處理青春痘，你的心情也會好一點。

油脂過多不但會使你長青春痘，也會使你的頭髮變得油膩。你也許需要天天洗頭，以及使用適合油性髮質的洗頭水。

我可以擠青春痘嗎？

不可以，這只會令情況更糟糕！你的手指藏有很多細菌，擠青春痘時，可能會令傷口感染細菌，使青春痘久久不消。而且，這樣做還可能會使皮膚留下小疤痕。

身體的秘密

踏入青春期，生殖器官會發育。你會留意到陰莖變長變粗，睪丸也會變大。此外，你的睪丸會開始製造細小的細胞，稱為精子。有了精子，你將來就有機會做爸爸。

陰莖主要有兩個功能。小便時，它使你能排出尿液。陰莖也會把精子傳送到女性的體內，讓精子跟卵子結合。當精子跟卵子結合，就會形成胚胎。之後，胚胎會發育成胎兒。精子從陰莖末端射出來，這些帶黏性的白色液體稱為精液。

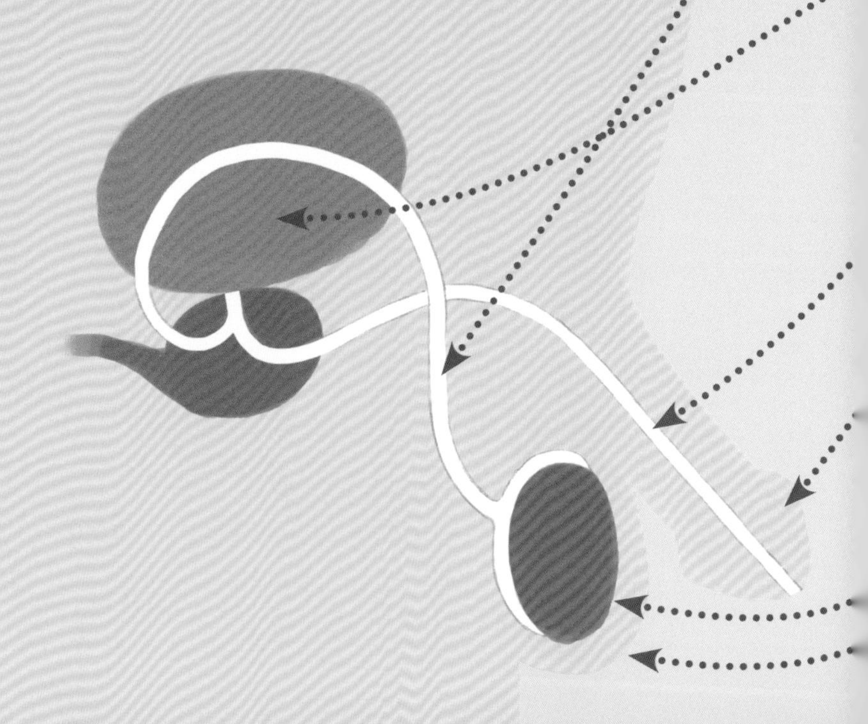

尿道

這個管道會把尿液從膀胱運送到陰莖。

輸精管

這細小的管道會把精子從睪丸運送到陰莖。

包皮

這層皺褶的皮膚蓋着陰莖敏感的末端。

膀胱

這個肌肉袋用作儲存尿液，直到你去小便為止。

睪丸

兩個睪丸會製造和儲存數百萬個細小的精子細胞，也會製造睪丸酮。

陰囊

陰囊皮膚有皺褶，外形像個袋子，垂在陰莖下方，包裹着睪丸。

我的陰莖是不是太小了？

很多男孩也擔心這件事，但事實上大部分都是正常的。陰莖有不同形狀、大小，它會一直發育，直到你大概十八歲為止。

時軟時硬

陰莖通常是鬆軟的。有時候，當你感到興奮，它便會變硬，並從身體凸出來。這稱為勃起，原因是較多血液流入陰莖，使它變長和變硬。

當你想起某個傾慕對象的時候，陰莖就可能勃起，但有時候也會無緣無故勃起。還有，你可能會在意想不到的時間勃起，例如坐巴士或在學校上課時。這可能會使你感到尷尬，因為你的陰莖看起來像是不受你操控似的。如果你擔心別人會看到，可以用書包或毛衣遮蓋。

　　陰莖會隨時勃起，可能會一天幾次，或是一次也沒有。勃起的時間有長有短，勃起時，你的陰莖可能會微微彎曲，這些都是很正常的。你班上大部分男生大概也經歷着這件事，所以你不用擔心自己是特別的一個。

為什麼我早上起牀時會勃起？

　　因為你的身體正常！早上勃起是十分普遍的事情。

夢遺

有時候，你在早上起牀後可能發現牀單或睡褲濕了一片。不用驚慌，你不是尿牀。這叫做夢遺，原因是你睡覺時射精了。射精的意思是，精液從你的陰莖射出來。

夢遺通常在你夢到傾慕的對象時發生。你可能會在睡夢中醒過來，但也很可能會一直睡下去。夢遺使人感覺怪怪的和感到困惑，但請記住，大部分男孩也會在某些時候出現夢遺。你無須尷尬，更無須內疚。當你年紀漸長，身體適應了青春期的種種變化，夢遺的次數就會減少。這段期間，你要用廚房紙擦乾淨沾了精液的牀單、睡衣，或是把它們放進洗衣機清洗。

在青春期，你要天天洗澡，特別是清潔你的陰莖和陰囊，使它們保持清潔和健康。要是陰莖感到任何痛楚，或是看起來紅腫，就要給醫生檢查一下。你可能是被細菌感染了，需要塗抹藥膏來治療。

好好睡一覺

青春期真累人！這是大家都認同的。無論你的體力有多好，都會輕易地給種種的身體變化耗盡了。而且，你還要上學、見朋友和做運動，難怪時常感到疲累。

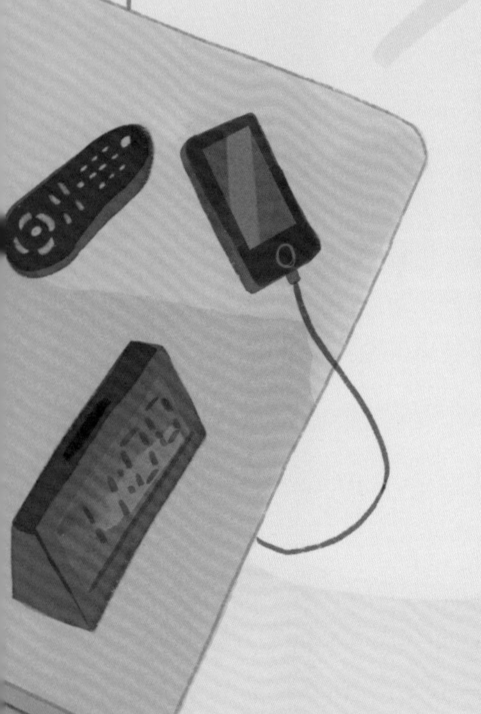

一天結束時，身體需要休息和恢復體力，為下一天做好準備，這時候，你就得好好睡一覺。在青春期，如果你睡眠不足，就會感到更疲累（和暴躁），難以集中精神。此外，睡眠不足也會影響發育，因為身體會在你睡覺時製造荷爾蒙，幫助發育。

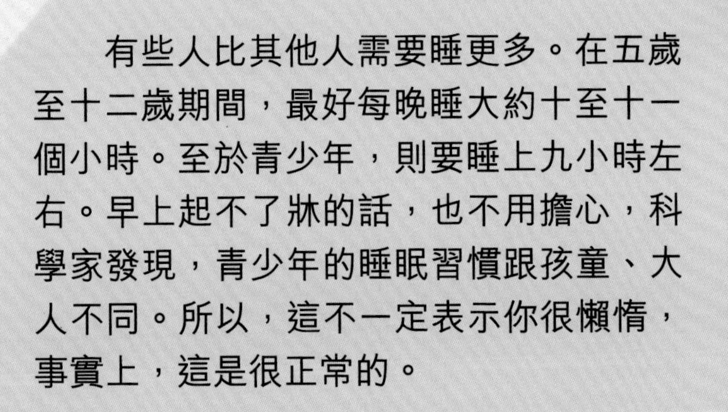

有些人比其他人需要睡更多。在五歲至十二歲期間，最好每晚睡大約十至十一個小時。至於青少年，則要睡上九小時左右。早上起不了牀的話，也不用擔心，科學家發現，青少年的睡眠習慣跟孩童、大人不同。所以，這不一定表示你很懶惰，事實上，這是很正常的。

另外，你可能發現晚上很難才入睡。你可以做很多事來幫助入睡，例如，白天多些活動、每晚定時上牀睡覺、在睡前至少一小時關掉電子產品，因為看電視、玩手機只會妨礙你入睡。

餓壞了！

踏入青春期，你可能時時刻刻都覺得肚餓，這是因為你發育得快，身體變化也很大。你的身體消耗了大量能量，需要定時補充燃料。

均衡飲食是保持健康的好方法，既有助你維持健康體重，又能使你精神煥發、心情愉快。均衡飲食的意思是，要進食不同種類的食物。你要多吃蔬菜和水果，少吃高脂食物和甜食。偶爾享受一下，吃吃薯片和巧克力也無妨，但不要天天都吃。下課後，如果你覺得肚子餓，可以嘗試吃健康的零食，例如水果、原味爆谷，或是堅果。

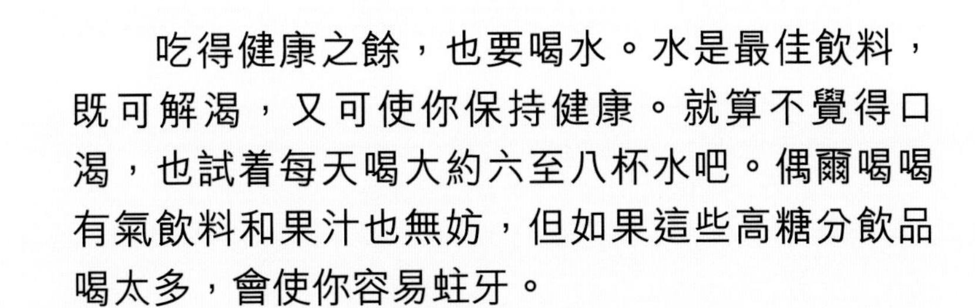

吃得健康之餘，也要喝水。水是最佳飲料，既可解渴，又可使你保持健康。就算不覺得口渴，也試着每天喝大約六至八杯水吧。偶爾喝喝有氣飲料和果汁也無妨，但如果這些高糖分飲品喝太多，會使你容易蛀牙。

快餐對我的健康有害嗎？

如果快餐吃太多，很可能會損害你的健康。快餐好吃，部分原因是它們的糖、脂肪和鹽含量高，如果吃多了，就會影響你的健康。

健康之道

如果你勤力鍛煉身體、多活動手腳，就會更容易應付青春期的起起伏伏。運動是健康之道，能幫助你保持身體強壯，也能維持健康體重。做運動能減輕壓力，使人放鬆，心情也會愉快起來。運動時，身體會分泌內啡肽（或稱為安多酚），這種荷爾蒙會令人感到快樂。

那麼，你需要做多少運動呢？可以的話，就立下目標，每天大約做一小時運動。這聽起來似乎很難配合你那忙碌的生活，可是，做運動也包括走路上學、上體育課、帶狗散步，總言之，就是所有令你活動手腳的事。更好的是，你不用一次過做整整一小時的運動。你可以將運動時間拆成好幾次，例如每次十五分鐘。

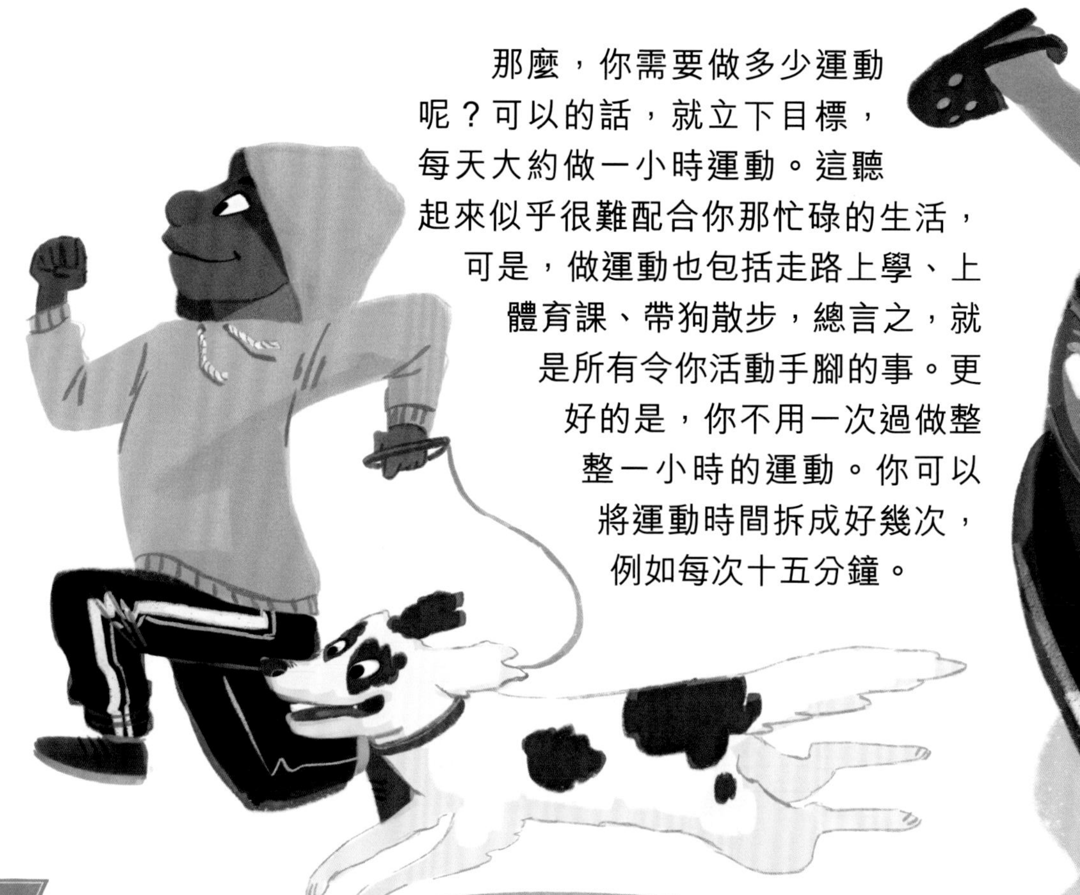

有些男孩超級擅長做運動，有些卻不太熱衷。好消息是，做運動不一定指在健身房舉重，或是加入校隊。做運動的秘訣是，找出自己喜愛的活動，這樣，你大概就能持之以恆，也有動力做下去。試着做不同運動，你就不會覺得悶了。你也可以跟朋友組隊，互相鼓勵之餘，又能玩個痛快。

做家務算是運動嗎？

是的！跟爸爸一起洗車、與媽媽一起到超級市場購物（如果你有幫忙拿東西回家），甚至是收拾房間，全都算是運動。

情緒波動

那些荷爾蒙在體內到處跑，確實會大大影響你的情緒。這分鐘，你可能覺得十分快樂，到了下分鐘，心情卻莫名其妙變得很低落。情緒忽高忽低會令你感到厭煩、迷惘，甚至害怕。不用驚慌，情緒波動是很正常的。過了青春期，情緒就會穩定下來。

你有試過這樣子嗎？情緒不穩定的時候，你會發覺更難控制脾氣。以前沒有煩惱過的事，現在卻很可能令你發怒。一點小事也會令你抓狂，你不想別人打擾你，只想獨個兒靜一靜。

憤怒是種正常的情緒，每個人也有發怒的時候。重要的是，你怎樣處理怒氣。你發脾氣的時候，很難好好地思考。別人越是叫你冷靜下來，你就越憤怒。

下次發怒時，試着深呼吸，或是從一數到十，直至冷靜下來為止。散散步、做運動、聽聽心愛的音樂，對你也有幫助。學習控制怒氣要花點時間，但你要再接再厲。學會了，你就不會做出那些日後會後悔的事，例如摔東西、大叫或是威嚇別人。

家庭鬥一番

你是不是覺得父母麻煩極了呢？你是否希望他們不再把你當作小孩看待？他們是否投訴你經常跟朋友外出？當你留在家玩手機，他們是否又囉囉唆唆呢？青春期可能會令你的人際關係產生變化，令你覺得這個世界好像要瘋了。

隨着你漸漸長大，你渴望別人把你當成大人看待，可是，父母到現在仍然把你當作小孩般告訴你應該做什麼，不應該做什麼。你抗拒這種相處方式，家裏就可能因此爆發爭吵。然而，問題在於你還未成熟，很難負起那麼多責任。要記住，如果你想父母把你當作大人般看待，就不要像個幼童般亂發脾氣！

父母很愛你，想你過得開心，所以，為什麼不試試為他們讓步呢？你可以跟父母說說自己的感受，也要花時間聽聽他們的觀點。舉個例子，如果你不想他們闖入你的房間，就提議說自己會打掃房間，也會天天把要洗的衣服放在門外。

父母都不給我零用錢，我應該怎麼辦呢？

你可以寫給父母一份簡單的零用錢使用和儲蓄計劃，讓父母了解你的需要，同時也讓父母看出你做事有經過深思熟慮，正在成長。

朋友二三事

你是否不斷換朋友？你開始傾慕某個人嗎？青春期裏，你的朋友圈子會有很大的變化，尤其是小學升上中學的時候。你會結交新朋友，也會跟舊朋友說再見，然後，這一切又可以再次發生變化。

你的朋友圈子可以不停變化，重要的是，你要懂得分辨良朋和損友。有些人可能會引誘你去做些明知是錯的事，也有些人會叫你做些你不願意做的事。要是身邊的人都在做這些事，你大概不會想成為不合羣的那個。他們做的事可能包括逃學、不做功課或是欺負別人。如果真的發生，你就要堅定立場，一口拒絕！

另外，你可能開始傾慕別人。每次見到傾慕對象，就心如鹿撞，害羞得不敢跟對方說話。你傾慕的可能是歌星或體育明星，也可能常常想着她們。這些感覺或許會佔據你的生活一段時間，但是，你的心情最終也會平復下來。

要是我因拒絕朋友的要求而被嘲笑或孤立，應該怎麼辦？

朋友的要求若是不合理或你明知是錯的事，就勇敢地跟他們說「不」吧！當刻你可能會害怕、擔憂、難受，但總勝過你日後一直後悔、內疚、擔驚受怕。你可以跟信任的長輩談談你的想法和感受，他們會給你一些好的建議。

你真棒！

很多人同意，青春期不容易熬過。青春期就像坐過山車，起起跌跌得厲害。當你以為到了終點，但其實只是中途站，你還要繼續餘下的旅程。

在青春期，身體的變化不但奇妙，你的生活也會因此而改變。可是，這些改變也使你感到疲累和疑惑。希望這本書能幫助你多點了解自己正經歷的轉變，使你更加自信和積極。

很多男孩也覺得很難說出自己的感受，或是承認某些事是很困難的。不論你擔心的是什麼事，也總可以找到傾訴對象。坐車或踢球的時候，會較容易跟父母談談心事。要是這個方法對你沒有效，就試着跟哥哥、姊姊、老師或是青年社工談談吧。如果你不知如何是好，也可以致電一些熱線。你會在接下來的兩頁看到更多相關資訊。

青春期結束時，你不但會長得比父母高（很可能），也會更明白自己到底是個怎樣的人，以及可能會找到人生目標。這段難應付的時期不會永遠持續下去，所以，要好好享受身邊美好的事，也要做好準備，迎接新的自己！

相關資訊

希望你覺得這本書實用，並且幫助你多點認識青春期是怎麼一回事。請務必記住，青春期是成長中的必經階段。如果你在擔心些什麼，就試試跟朋友聊聊，說不定你會發現，原來大家正為相同的事情煩惱！你也可以跟值得信任的大人談談，例如父母、照顧你的人、家中的長輩、老師和哥哥。要是真的無人可傾訴，你還是可以在很多地方找到建議和幫助，以下是其中一些……

網站

衞生署學生健康服務：青春期（學生篇）

https://www.studenthealth.gov.hk/tc_chi/health/health_se/health_se_ps.html

這個網站提供男孩和女孩在青春期時經常遇到的煩惱和解答，並有青春期身體變化的參考資訊。

香港家庭計劃指導會

https://www.famplan.org.hk

這個網站提供男孩和女孩的青春期資訊，也有一些動畫及遊戲，提供性教育。

明愛「愛與誠」綜合性教育計劃

https://www.caritas.lovechastity.org.hk/

這個網站提供青春期男孩和女孩經常遇到的問題和解答，並設有小遊戲，提供對性的正確知識和態度。

賽馬會青少年情緒健康網上支援平台「Open噏」

https://www.openup.hk/index.htm

這個網站透過社交媒體和不同訊息工具，全天候二十四小時提供服務，與青少年溝通，陪伴他們面對來自學業、家庭、朋輩相處等引致的情緒問題。

延伸閱讀

《深呼吸，靜下來：給孩子的正念練習》（由新雅文化出版）

　　這本書透過集中注意力、平靜、動一動、變動、關愛、反思等六大方面，幫助你調整心情，提升心智，並配合多個簡單的正念練習，讓你逐步專注現在，放鬆身心；找回平靜的心境，感受生活的趣味！

詞彙表

毛孔 pore：皮膚上細小的洞。

月經 period：女孩踏入青春期的其中一種生理變化。每個月一次，血液從陰道排出，而且一來就是好幾天。

內啡肽 endorphin：又名安多酚，是一種令人感到快樂的荷爾蒙。

包皮 foreskin：是一層帶皺褶的皮膚，覆蓋着陰莖敏感的末端。

生殖器官 sex organ：身體用來孕育下一代的部分。

卵子 egg：女性體內製造的性細胞。

尿液 urine：腎臟製造的液體，把廢物帶到體外。

迅速長高 growth spurt：青春期裏，在短時間內明顯長高。

乳房 breast：長在女性胸部的器官，生孩子後會製造乳汁。

青春痘 acne：皮膚上的紅色痘子，通常在青春期長出。

陰毛 pubic hair：粗硬而且短的毛髮，長在生殖器官外露的部分。

細菌 bacteria：極小的生物，有好也有壞。

荷爾蒙 hormone：強大的化學物質，會經血液走遍全身，向身體各部分傳遞信息，並影響生理功能。

睪丸 testicle：兩個睪丸會製造和儲存數百萬個細小的精子細胞，也會製造睪丸酮。

腺 gland：身體內的器官，會發放物質到體外（例如汗水、淚水）、體內或血液裏（例如荷爾蒙）。

睾丸酮 testosterone：在男性睾丸內製造的荷爾蒙。

感染 infection：細菌或病毒入侵身體某部分，令人疼痛或不適。

精子 sperm：男性體內製造的性細胞。

蒸發 evaporate：使液體變成氣體。

體味 body odour：又名體臭，汗水混和着皮膚上的細菌而發出來的臭味。

索引